Amit Goel

Avaliação in-situ do estado estrutural dos pavimentos

Amit Goel

Avaliação in-situ do estado estrutural dos pavimentos

ScienciaScripts

Imprint

Any brand names and product names mentioned in this book are subject to trademark, brand or patent protection and are trademarks or registered trademarks of their respective holders. The use of brand names, product names, common names, trade names, product descriptions etc. even without a particular marking in this work is in no way to be construed to mean that such names may be regarded as unrestricted in respect of trademark and brand protection legislation and could thus be used by anyone.

Cover image: www.ingimage.com

This book is a translation from the original published under ISBN 978-613-9-89738-4.

Publisher:
Sciencia Scripts
is a trademark of
Dodo Books Indian Ocean Ltd., member of the OmniScriptum S.R.L Publishing group
str. A.Russo 15, of. 61, Chisinau-2068, Republic of Moldova Europe
Printed at: see last page
ISBN: 978-620-4-02649-7

SINOPSE

Os ensaios não destrutivos são uma abordagem ideal para a avaliação in-situ de solos, subgamadas e pavimentos. Deflectômetro portátil de queda de peso e equipamentos similares, tais como placa dinâmica, medidor de rigidez do solo distinguido pela taxa de pulso de carga e pressão de contato, estão sendo utilizados na determinação da rigidez. O presente estudo estabelece uma correlação entre o módulo de rigidez obtido através de LWD e DCP em um pavimento flexível e LWD e Schmidt's Hammer em um pavimento rígido. São apresentados dados de campo que explicam a confiabilidade dos dados obtidos experimentalmente e os resultados obtidos. Tal correlação pode ser utilizada para eliminar o elevado custo do LWD e a experiência necessária para prever os parâmetros necessários para o LWD, utilizando os resultados obtidos com os outros dois dispositivos. Além disso, o estudo recomenda o dispositivo mais adequado para um pavimento em particular para uma maior precisão e estimativas fiáveis.

Índice

Capítulo 1.

Introdução

1.1 Generalidades

A determinação do módulo resiliente/elástico ou de rigidez das camadas de pavimento é uma consideração importante, uma vez que é a medida da qualidade do suporte que proporciona às camadas de asfalto ou betão sobrepostas. Determina as tensões, e consequentemente as deformações, que são transmitidas para o sub-base.

As medidas de deformação da superfície do pavimento são o principal meio de avaliar uma estrutura de pavimento flexível e uma transferência de carga rígida do pavimento. É um importante método de avaliação do pavimento porque a magnitude e a forma da deflexão do pavimento é função do tráfego (tipo e volume), da secção estrutural do pavimento, da temperatura que afecta a estrutura do pavimento e da humidade que afecta a estrutura do pavimento. As medições da deflexão podem ser usadas em métodos de cálculo de costas para determinar a rigidez da camada estrutural do pavimento e o módulo de resiliência do sub-base. Assim, muitas características de um pavimento flexível podem ser determinadas pela medição da sua deflexão em resposta à carga. Além disso, as medições da deflexão do pavimento não são destrutivas.

Os testes California Bearing Ratio (CBR) e Plate load test (PLT) têm sido usados tradicionalmente para estimar a resistência do subgrau para uso em projetos de pavimentos flexíveis e rígidos, respectivamente. No entanto, estes testes são volumosos por natureza, pesados, demorados, intensivos em recursos e caros. Como tal, são realizados muito poucos ensaios no campo (na maioria dos casos, apenas um ensaio por km) e podem não representar uma estimativa precisa da resistência do sub-base em toda a largura e comprimento de todo o trecho de amostra de um km.

1.2 Objetivo do estudo

O teste não destrutivo FWD (Falling Weight Deflectometer) foi desenvolvido para avaliar a resistência in-situ de diferentes camadas de pavimentos flexíveis e rígidos. O teste FWD é baseado no princípio da medição do deflectómetro gerado devido a grandes cargas impulsivas para simular as condições de carga do tráfego nas estradas existentes. Contudo, embora este teste seja mais rápido, abrangente e represente melhor a resistência de todo o trecho, ainda assim é caro e muito volumoso. Houve a necessidade de um aparelho de teste mais leve e portátil que pudesse ser transportado para locais em construção de estradas para avaliação da resistência do sub-túnel.

O Deflectómetro de Peso Leve (LWD) foi desenvolvido para responder a esta necessidade [1, 2]. O LWD consiste em um mecanismo de carga impulsiva, placa de carga, unidade de controle e registro e sensores transdutores para medir a deflexão completa da bacia.

Capítulo 2.

Revisão da Literatura

2.1 Visão Geral

Vários estudos foram realizados na última década para estudar os testes e estimativas do LWD e para verificar o efeito de parâmetros como o teor de umidade, temperatura, classificação do material, nível de compactação, etc.

O módulo resiliente é determinado a partir de muitos ciclos de carga dinâmica, enquanto o módulo de elasticidade é determinado a partir de um ciclo de carga lenta apenas. Fleming et al. [3,4] realizaram um estudo para comparar as estimativas do módulo de elasticidade da placa dinâmica alemã e do FWD. Eles encontraram uma boa correlação. Livneh e Goldberg [5] fizeram estudo semelhante e encontraram as estimativas serem 0,3-0,4 vezes as estimativas da DTCF. Testes de campo foram realizados para comparar os módulos de três tipos de DTC fabricados com os da DTC, e encontraram boas correlações. Kamiura et al. [6] estudaram a correlação entre as estimativas da DTCL e da PLT, e verificaram a influência do tamanho dos grãos do material testado nos registros da DTCL. Tehrani e Meehan [7, 8] mostraram a influência do conteúdo de água nas estimativas da DLV. Nils Ryden [9] formulou a modelagem numérica das ondas sísmicas da carga LWD e verificou por experimentos, para minimizar os efeitos do registro de campo próximo.

Muitos pesquisadores tentaram correlacionar o módulo LWD-elastic com outras estimativas de teste (Alshibli et al. 2005 [10]; Fleming et al. 2007 [11]; Siekmeier et al. 2000 [12], Mooney et al. [13]). As seguintes observações podem ser feitas a partir destes estudos:

1. Descobriu-se que uma função de rigidez dependente do stress confirmou bem com a teoria e os valores de stress experimental.

2. Para um critério de tensão de 95%, a profundidade de medição foi de 0,9-1,1H e foi constatado que depende do tipo de solo.

3. Uma forma parabólica inversa para a superfície foi analisada teoricamente e encontrada para combinar com o perfil de argila pico de tensão vertical para um semi-espaço linearmente elástico. Da mesma forma, o perfil de areia também foi confirmado para o mesmo perfil, verificando-se assim a teoria de Terzaghi sobre tensões de contato [Terzaghi 14].

4. Foi postulado que até uma profundidade de 1.0D-1.5D, a distribuição de tensões influencia as tensões in-situ. Portanto, o uso de um tipo de distribuição de tensões para todos os tipos de solos deve ser reconsiderado.

5. O diâmetro da placa LWD utilizada influenciou a profundidade de medição. Assim, placas de diferentes diâmetros devem ser utilizadas para capturar diferentes profundidades.

A suposição convencionalmente utilizada de elasticidade linear nos testes tradicionais in-situ para estimativas do módulo de rigidez dos estratos do solo não parece ser uma escolha correta para tais medições usando testes de carga de impacto do tipo LWD. É necessário um estudo abrangente dos complexos critérios de contato gerados pelos testes LWD em diferentes solos e condições de teste. Então somente uma compreensão significativa do teste LWD e respectivos efeitos sobre a distribuição de tensões, superfícies de contato, etc. pode ser verificada.

A resposta mecânica do solo para LWD simulada foi estudada usando o método de elementos discretos (Buechler S. R. et al 2012 [15]). O comportamento das areias e argilas foi considerado bastante diferente.

Khalid et al [16] realizaram um estudo experimental paramétrico sobre camadas de pavimento compostas por diferentes estratos possíveis geralmente utilizados na construção de pavimentos. O LWD foi considerado eficaz na determinação do módulo de rigidez de diferentes camadas. Os valores de LWD correlacionaram-se bem com os resultados de medição de outros métodos de ensaio convencionais e recentes. No entanto, pequenos melhoramentos no valor E ou ganho de resistência com o tempo, não puderam ser determinados com precisão.

Livneh e Goldberg 2001 [17] correlacionaram o módulo LWD como 30-40% do módulo FWD.

Jong Ryeol Kim et al, 2006 [18] avaliaram os subníveis usando LWD e encontraram uma correlação linear entre o coeficiente de reação do subnível e o módulo de deflexão dinâmica. A energia variável do impacto não afetou muito o módulo de deflexão. Como tal, o LWD poderia ser uma alternativa econômica para o teste de carga em placas.

Deng-Fong Lin et al 2006 [19] compararam os valores do penetrômetro de cone dinâmico e da RBC com os resultados da medição do LWD. Eles constataram que o efeito da energia de impacto variável teve pouco efeito sobre os modulos determinados. Eles encontraram o LWD rápido e eficaz para o controle de qualidade da compactação.

Amr F. Elhakim et. al. 2014 [20] utilizaram o LWD para um estudo paramétrico experimental sobre areias. Eles descobriram que o módulo de areia siliciosa é mais do que o da areia calcária. A profundidade de influência foi estimada em 1,5-2,0 vezes o diâmetro da placa.

O problema de contra-cálculo é formado para encontrar os parâmetros estruturais das camadas inferiores a partir das deflexões medidas do teste LWD. Ele é baseado na correspondência das deflexões teóricas com as deflexões medidas usando um algoritmo de minimização de erros.

Um típico programa de backcalculation LWD pode usar análise estática para a modelagem dos dados e o pico da deflexão central no algoritmo de minimização de erros.

Christopher T. Senseney et al 2013 [21] melhoraram a técnica convencional utilizando a modelagem dinâmica de elementos finitos como o problema para frente para as deflexões calculadas, e o algoritmo genético (AG) como a calculadora traseira para encontrar os mínimos globais em uma formulação minimizadora de erros. Estas modificações foram encontradas para dar melhores estimativas.

Capítulo 3

Estudo de caso de campo

O objetivo deste estudo é avaliar as condições estruturais de um pavimento flexível e rígido usando métodos de NDT como LWD e Schmidt's Rebound Hammer e Técnica Semi-destrutiva de DCP. A comparação das estimativas obtidas com LWD e DCP em um pavimento flexível e as obtidas com LWD e martelo de Schmidt em um pavimento rígido é feita e uma correlação é estabelecida.

Os principais objectivos do projecto são os seguintes.

I. Avaliação da condição dos pavimentos (flexíveis e rígidos) utilizando técnicas destrutivas e não destrutivas.

II. Comparação das estimativas obtidas através de diferentes equipamentos: Deflectómetro de peso leve (LWD), penetrômetro de cone dinâmico (DCP), e martelo de Schmidt.

III. Para recomendar o melhor equipamento adequado ou uma combinação para que um determinado pavimento tenha uma maior precisão e fiabilidade das estimativas.

A recomendação de uma técnica adequada será baseada na análise estatística dos resultados obtidos pelo estudo paramétrico experimental.

3.1 EQUIPAMENTO UTILIZADO

Os seguintes equipamentos foram utilizados no presente estudo:

1. Deflectómetro de peso leve
2. Penetrômetro de cone dinâmico
3. Martelo de ressalto Schmidt

3.1.1 DEFLECTÓMETRO DE PESO LEVE (LWD)

O deflectómetro de peso leve (LWD) é um dispositivo portátil de ensaio não destrutivo (NDT) mais leve e mais rápido, utilizado para ensaios e avaliações de pavimentos. Semelhante aos seus equivalentes de peso pesado - o deflectómetro de queda de peso (FWD) e o deflectómetro de peso pesado (HWD) - o LWD determina a resistência e a rigidez do material do pavimento medindo a resposta do material sob o impacto de uma carga com uma magnitude conhecida e largada de uma altura conhecida. Pesando quase 48 libras e utilizando um peso de queda de 22 libras, o LWD pode ser transportado e operado por uma única pessoa, o que o torna uma ferramenta prática e econômica para testes rápidos de campo.

O LWD, por vezes referido como um FWD portátil, também mede a resposta à queda de uma carga numa superfície. Como o LWD utiliza um nível de carga inferior ao FWD, é utilizado principalmente em materiais como solos, fundações e camadas granulares (materiais em que as partículas não são fortemente cimentadas com materiais de ligação, como cimento ou asfalto). Tais materiais requerem um nível de carga relativamente mais baixo para registrar um deslocamento mensurável, que está dentro do alcance da capacidade de projeto e teste do LWD.

O software para processar leituras de carga e deflexão do LWD está integrado com o sistema para obter dados de teste em tempo real. A vantagem da obtenção de dados em tempo real é que os erros podem ser identificados no local, para que possam ser tomadas medidas correctivas antes da colocação de camadas adicionais ou da abertura do pavimento ao tráfego. Os resultados obtidos com o LWD também fornecem dados para modelos analíticos que prevêem o bom desempenho do pavimento a longo prazo. Os resultados dos testes podem ser utilizados para avaliar a qualidade da construção e o seu impacto na esperança de vida da estrada, de modo a que possam ser planeadas dotações orçamentais adequadas para actividades de manutenção ou reabilitação.

O Dynatest Light Weight Deflectometer (LWD) utilizado para o estudo é uma versão portátil do FWD. O LWD utiliza uma célula de carga e geofones com a mesma precisão que o FWD. O LWD pode ser usado para testar pavimentos asfálticos finos, materiais reciclados ligados com espuma de asfalto e testar diretamente a sub-base e o sub-base não ligados. O rendimento do LWD pode ser utilizado para calcular a resistência de vários pavimentos.

camadas. O LWD cumpre a norma ASTM 2583, a norma IAN73 (UK), a norma dinamarquesa e a norma italiana para determinar o módulo e a compactação de um material. A figura.1 mostra uma fotografia rotulada do equipamento típico do LWD.

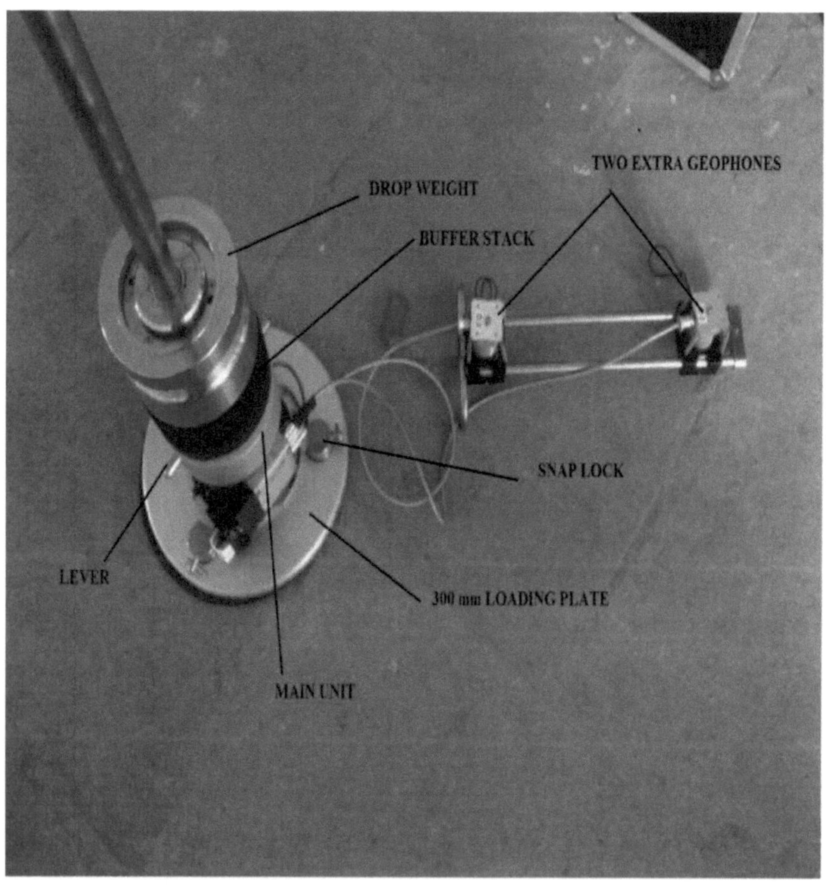

Figura.1. Deflectómetro de peso leve

3.1.2 *PENETRÔMETRO DE CONE DINÂMICO (DCP)*

Testes de penetração in-situ têm sido amplamente utilizados na engenharia geotécnica e de fundações para a investigação do local em apoio à análise e ao projeto. O teste de penetração padrão (SPT) e o teste de penetração do cone (CPT) são dois testes típicos de penetração in-situ. O teste dinâmico de penetração do cone mostra as características tanto do CPT como do SPT. O DCPT (ver Figura.2.) é similar ao SPT em teste. Ele é realizado através da queda de um martelo a partir de uma determinada altura de queda e medindo uma profundidade de penetração por golpe para cada profundidade testada. A forma do cone dinâmico é similar à do penetrômetro utilizado no CPT. O DCPT é um teste rápido para configurar, executar e avaliar no local. Devido à sua economia e simplicidade, uma melhor compreensão dos resultados do DCPT pode reduzir os esforços e os custos de avaliação do pavimento.

O Teste de Penetração do Cone Dinâmico fornece uma medida da resistência in-situ de um material à penetração. O teste é realizado conduzindo um cone metálico para o solo, batendo-o repetidamente com uma pressão de 17,6 libras. (8 Kg) de uma distância de 2,26 pés (575 mm). A penetração do cone é medida após cada golpe e é registrada para fornecer uma medida contínua de resistência ao cisalhamento até 5 pés abaixo da superfície do solo. Os resultados dos testes podem ser correlacionados com as Relações de Rolamento da Califórnia, densidade in-situ, módulo resiliente e capacidade de rolamento.

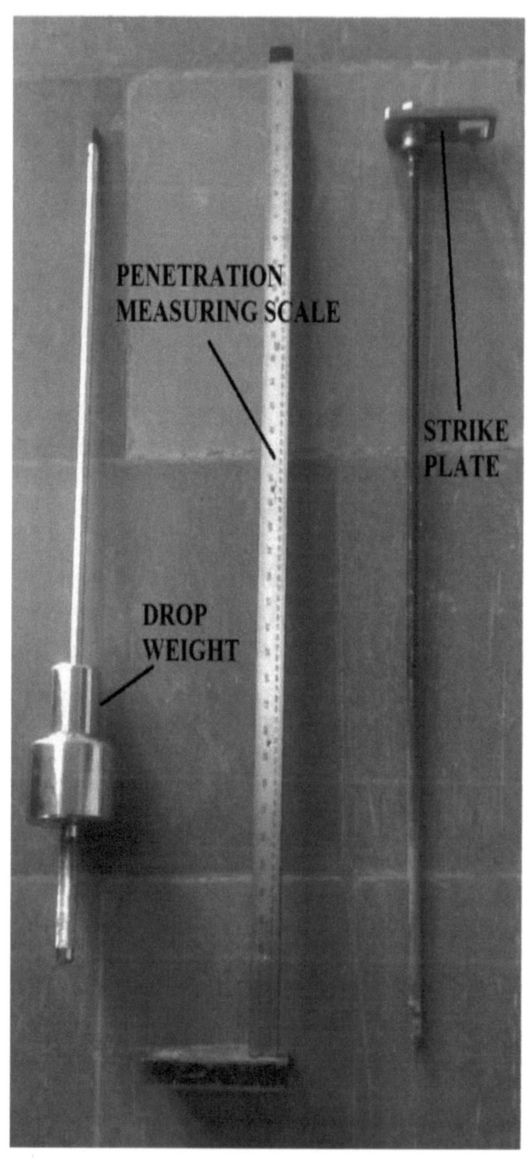

Figura.2. Componentes do DCP

Figura 3 Penetrómetro de Cone Dinâmico

3.1.3 MARTELO DE RICOCHETE DE SCHMIDT

O Rebound Hammer existe desde o final dos anos 40 e hoje é um método comumente usado para estimar a resistência à compressão do concreto no local. Um martelo Schmidt, também conhecido como martelo suíço ou martelo de rebote (Figura.3.), é um dispositivo para medir as propriedades elásticas ou a resistência do concreto ou rocha, principalmente a dureza superficial e a resistência à penetração. Ele foi inventado por Ernst Schmidt, um engenheiro suíço em 1948.

O martelo mede o ricochete de uma massa carregada por mola que impacta contra a superfície da amostra. O martelo de teste atinge o concreto com uma energia definida. Seu rebote depende da dureza do concreto e é medido pelo equipamento de teste. Por referência à tabela de conversão, o valor de ricochete pode ser usado para determinar a resistência compressiva.

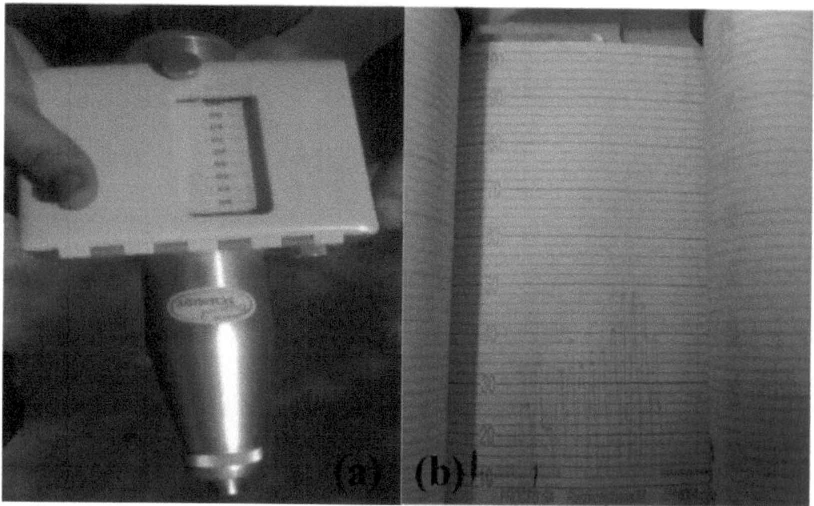

Figura.3. (a) Martelo de Schmidt; (b) Um gráfico típico obtido em um ponto de teste

Ao realizar o teste, o martelo deve ser mantido em ângulo recto com a superfície que, por sua vez, deve ser plana e lisa. A leitura do rebote será afetada pela orientação do martelo, quando usado em posição vertical (na parte inferior de uma laje suspensa, por exemplo) a gravidade aumentará a distância de rebote da massa e vice-versa para um teste realizado em uma laje de chão. O martelo Schmidt é uma escala arbitrária que varia de 10 a 100. Antes do teste, o martelo Schmidt deve ser calibrado usando uma bigorna de teste de calibração fornecida pelo fabricante para esse fim. Devem ser feitas 12 leituras, descendo a mais alta e a mais baixa, e depois tirar a média das dez leituras restantes. O uso deste método de teste é classificado como indirecto, uma vez que não fornece uma medição directa da resistência do material. Ele simplesmente dá uma indicação com base nas propriedades da superfície, ele só é adequado para fazer comparações entre amostras.

Capítulo 4

Metodologia

Foram selecionados locais adequados para testes de pavimento rígido e testes de pavimento flexível, que foram selecionados:

Para testes de pavimento rígido foi seleccionada a estrada entre o Campus BITS e o campus do CEERI [Figura 5].

Figura 5. Local da investigação: Pavimento Rígido

Para testes de pavimento flexível, foi selecionada a estrada PMGSY logo após o campus de BITS Pilani e a estrada que vai para Jakhda [Figura 6].

Figura 7. Local da investigação: Pavimento Flexível

4.1 Utilização de deflectómetro de peso leve

O equipamento foi transportado manualmente para o local [Fig. 8.].

Figura 8. Transporte manual LWD

- Uma secção adequada do pavimento foi seleccionada para ensaios a intervalos de 100m.

- A partir do local 1, o teste foi realizado pela primeira vez do lado direito da estrada.

- Primeiro o tapete foi colocado no local desejado.

- Em seguida, o equipamento principal foi cuidadosamente transferido para o tapete [Figura 9].

Figura 9. Ajustando o Geofone sobre o Tapete

- O dispositivo de mão foi então conectado sem fio ao equipamento principal.

- Os dados GPS do local foram gravados usando o dispositivo portátil.

- As leituras foram então feitas permitindo que o peso caísse de uma altura de 75 cm [Figura 10].

Figura 10. Executando o DCPT

- Foram registadas um mínimo de 10 leituras para cada lado da estrada para cada local.
- Após fazer leituras para um determinado local, o ponto exato do

localização do geofone do equipamento foi marcada para que o Schmidt's martelo/DCPT poderia ser usado exatamente no mesmo local [Fig. 11].

Os passos acima foram repetidos por 10 localizações sucessivas em intervalos de 100m.

Os dados coletados na unidade de mão foram então transferidos.

Figura 11. Local do Teste de Marcação

4.2 Usando o Schmidt's Hammer

- O equipamento foi levado manualmente para o local do pavimento rígido.
- Uma secção adequada do pavimento foi seleccionada para ensaios a intervalos de 100m.
- A partir do local 1, o teste foi realizado pela primeira vez do lado direito da estrada no ponto já marcado enquanto se usava o LWD.
- O equipamento foi mantido verticalmente e o procedimento padrão foi seguido para fazer pelo menos 5 leituras em cada local [Figura 12].
- O erro manual foi minimizado ao nível mínimo possível.

Figura 12. Usando o Schmidt's Hammer

4.3. Realização do Teste Dinâmico de Penetração do Cone

- O equipamento foi levado manualmente para o local do pavimento flexível.
- Uma secção adequada do pavimento foi seleccionada para ensaios a intervalos de 100m.
- A partir do local 1, o teste foi realizado pela primeira vez do lado direito da estrada no ponto já marcado enquanto se usava o LWD.
- Para a realização do teste, foi permitida a queda de peso e foram registradas leituras de penetração para cada cinco quedas [Fig. 13].

Figura 13. Executando o DCPT

O procedimento foi continuado até que uma penetração de 30cm fosse alcançada ou para 10 quedas sucessivas, não houve penetração significativa (1 mm) [Figura 14].

Figura 14. Profundidade de Penetração do DCP e o Buraco

Devido às manobras pesadas envolvidas no caso do DCPT o teste foi conduzido apenas em locais alternativos (ou seja, um intervalo de 200m).

Date	Progress
24 January	Read research papers on Semi Destructive and Non Destructive Techniques of pavement testing
2 February	Permission to use equipment was taken
7 February	Permission to cross gates as and when required was taken
15 February	A basic theoretical understanding of the working of the three equipment was gathered
21 February	For practical understanding and correct use of LWD and DCPT on a field trip to Peepli
26 February	Suitable Locations selected
11 March	Rigid Pavement LWD data recorded
12 March	Rigid Pavement Schmidt's Hammer data recorded
20 March	Flexible Pavement LWD data recorded
25-26 March	Flexible Pavement DCPT data recorded
11 April	MID-SEM report and Presentation submitted
15-22 April	Analysis of data
7 May	Final Report and Presentation prepared

Os locais selecionados para testes de pavimento flexível (laranja na Fig.4.) e rígido (verde na Fig.4.) são mostrados. Um trecho de pavimento flexível PMGSY (Pradhan Mantri Gram Sadak Yojana, Índia) de 500 metros e um trecho de pavimento rígido de 200 metros entre o BITS, Pilani e CEERI, campus Pilani é selecionado para investigação. Para cada pavimento são seleccionados um total de 21 pontos, 11 perto de uma borda e 10 perto da outra. Os pontos são escolhidos a intervalos regulares de 50 metros e 20 metros para pavimentos flexíveis e rígidos, respectivamente (Fig.5.).

Para pavimentos flexíveis, D = 50 metros e d = 25 metros, enquanto para pavimentos rígidos, D = 20 metros e d = 10 metros (ver Fig.5.).

O equipamento DYNATEST 3031 LWD é utilizado para determinar o módulo elástico do pavimento flexível, bem como do pavimento rígido. O Dynatest LWD cumpre todas as normas actuais da ASTM E 2583, do IAN73 do Reino Unido e também as normas da Dinamarca e Itália. A massa de queda padrão de 10 kg (22lb) é utilizada com diâmetro da placa de carga igual a 300 mm (11,8 polegadas). Uma altura de queda de 30 polegadas é tomada para todos os pontos. Um total de 3 geofones (transdutores sísmicos) são usados, um no centro, os outros dois a uma distância de 300mm e 600mm do centro. Em cada ponto do pavimento flexível, 10 gotas são tomadas para analisar as deflexões obtidas.

O martelo de concreto PROCEQ, tipo N/NR é utilizado no pavimento rígido, para medir a resistência compressiva do pavimento de concreto. Em cada ponto do pavimento, são consideradas um total de 12 leituras, descendo a mais alta e a mais baixa, e tomando a média das restantes leituras.

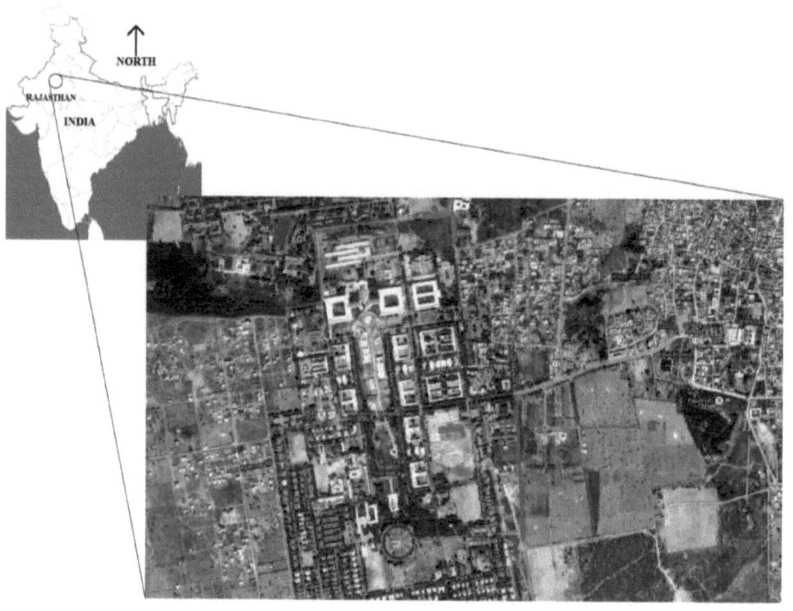

Figura.4. Mapa do Local de Investigação (Local: Pilani, Rajasthan, Índia)

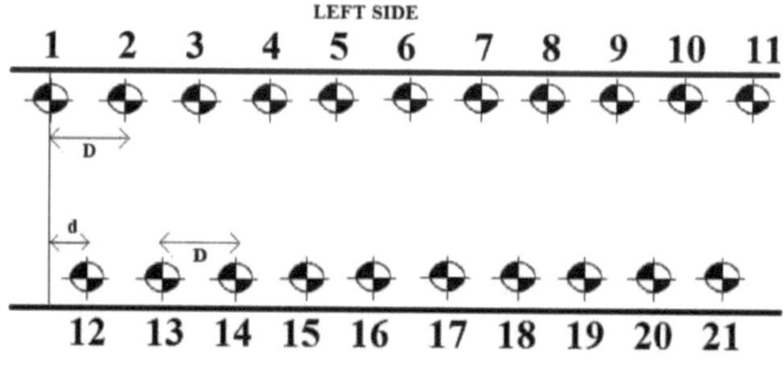

Figura.5. uma representação de 21 pontos selecionados nos pavimentos

As tabelas 1 e 2 apresentam os módulos elásticos de pavimento flexível e rígido, respectivamente, obtidos a partir da análise das deflexões em cada ponto utilizando o software LWDmod. O módulo elástico é calculado a partir do LWD usando a seguinte equação:

$$E \ (MPa) = \underline{\hspace{3cm}}$$

where,

E = Resilient Elastic Stiffness or Elastic Modulus (MPa)

A = Plate rigidity factor, default = 2 for a flexible plate, π/2 for a rigid plate.

P = Maximum Contact Pressure (kPa)

r = Plate Radius (m)

v = Poisson's ratio (usually in the range 0.3 to 0.45 depending on test material type.

d = peak deflection (mm).

Tabela 1. Módulo elástico de pavimentação flexível em 21 pontos utilizando LWD

Location	Elastic Modulus of Subgrade (MPa)	Location	Elastic Modulus of Subgrade (MPa)
Location 1	247	Location 12	354
Location 2	222	Location 13	378
Location 3	189	Location 14	291
Location 4	162	Location 15	277
Location 5	189	Location 16	311
Location 6	146	Location 17	190
Location 7	181	Location 18	252
Location 8	92	Location 19	172
Location 9	249	Location 20	257
Location 10	289	Location 21	256
Location 11	189		

Tabela 27. Módulo elástico de pavimento rígido em 21 pontos utilizando LWD

Location	Elastic Modulus of Concrete Layer (MPa)	Elastic Modulus of Subgrade (MPa)	Location	Elastic Modulus of Concrete Layer (MPa)	Elastic Modulus of Subgrade (MPa)
Location 1	16014	162	Location 12	1884	145
Location 2	6128	133	Location 13	22299	161
Location 3	20705	164	Location 14	18956	178
Location 4	4952	82	Location 15	70729	169
Location 5	25608	236	Location 16	23238	150
Location 6	21555	46	Location 17	10670	226
Location 7	6957	54	Location 18	25423	220
Location 8	160024	179	Location 19	23139	213
Location 9	379	221	Location 20	7388	178
Location 10	70506	194	Location 21	8967	70
Location 11	6729	123			

Para calcular o Módulo Elástico do DCPT, calcula-se o DPI (Índice de Penetração de Profundidade), ou seja, a penetração por golpe expressa em mm/sopro. A seguinte equação dada em Chen et al. (2005) é usada para estimar o valor do Módulo de Rigidez (Tabela 3.).

$$E \, (Mpa) = 537.76 * DPI^{-0.6645}$$

Tabela 3. Módulo Elástico de Pavimento Flexível em 21 pontos usando DCPT

Location	DPI (mm/blow)	Elastic Modulus (MPa)
Location 1	1.711764706	376.2399536
Location 2	1.782857143	366.2027074
Location 3	1.917647059	348.8901497
Location 4	2.131034483	325.2670891
Location 5	1.974193548	342.2173474
Location 6	2.144827586	323.8756176
Location 7	1.888235294	352.4919549
Location 8	2.704347826	277.6405727
Location 9	1.748571429	370.9585545
Location 10	1.616666667	390.8050649
Location 11	1.870588235	354.698198
Location 12	1.395454545	430.9480461
Location 13	1.487804878	412.9825415
Location 14	1.672222222	382.1286838
Location 15	1.515000000	408.0414673
Location 16	1.505000000	409.8410834
Location 17	1.852941176	356.9393598
Location 18	1.694444444	378.7911568
Location 19	1.964705882	343.3146026
Location 20	1.654054054	384.9126824
Location 21	1.666666667	382.9746262

Para prever o Módulo Elástico a partir da Resistência à Compressão em diferentes pontos do pavimento rígido, é utilizada a seguinte relação

$$E \ (\text{kgf/cm}^2) = 2.1 * 10^5 * \left(\frac{y}{2.3}\right)^{1.5} * \left(\frac{fc}{200}\right)^{0.5}$$

where,

E = Modulus of Elasticity (kgf/cm^2)

y = Unit weight of concrete (t/m^3)

fc = Specified design strength of concrete (kgf/cm^2)

Para calcular o módulo de elasticidade é utilizado um peso unitário de concreto igual a 2,4 toneladas por metro cúbico. A tabela 4 mostra os resultados obtidos com o uso do Schmidt Hammer no pavimento de concreto.

Tabela 4. Módulo de elasticidade do concreto em 21 pontos usando o martelo Schmidt

Location	Compressive Strength (MPa)	Elastic Modulus (MPa)
Location 1	43	32503.0391
Location 2	32	28039.1428
Location 3	32	28039.1428
Location 4	70	41470.4514
Location 5	46	33617.7512
Location 6	61	38712.8068
Location 7	54	36423.9149
Location 8	54	36423.9149
Location 9	30	27148.7832
Location 10	40	31348.7146
Location 11	40	31348.7146
Location 12	43	32503.0391
Location 13	47	33981.1969
Location 14	49	34696.6690
Location 15	47	33981.1969
Location 16	49	34696.6690
Location 17	68	40873.7232
Location 18	63	39342.3246
Location 19	40	31348.7146
Location 20	48	34340.7963
Location 21	31	27597.5539

Capítulo 5.

ANÁLISE DE DADOS

Para comparar os dispositivos, os coeficientes de correlação são determinados a partir do ajuste da linha de tendência juntamente com o valor R2, que é uma variável estatística para quantificar as relações.

5.1 Pavimento Flexível

A figura 6 mostra as medidas observadas no pavimento flexível com DCPT e LWD em 21 pontos. Os valores dos módulos medidos pelo LWD variam de 92 MPa a 378 MPa. Para o lado da estrada com locais 12 a 21, os valores do módulo são mais altos, por volta de 250350, do que os do outro lado. Isso se deve ao fato de que o lado anterior da estrada tinha uma parede ao seu lado, o que faz com que o tráfego se afaste um pouco daquela borda. Por isso, a borda permanece pouco utilizada com mais força.

A Figura 6 mostra que os valores previstos do DCPT se relacionam estreitamente com os do LWD, de acordo com o padrão dos gráficos. A fórmula empírica usada para converter o índice de penetração de profundidade (DPI) em módulo elástico dá valores mais altos do que os previstos com o LWD.

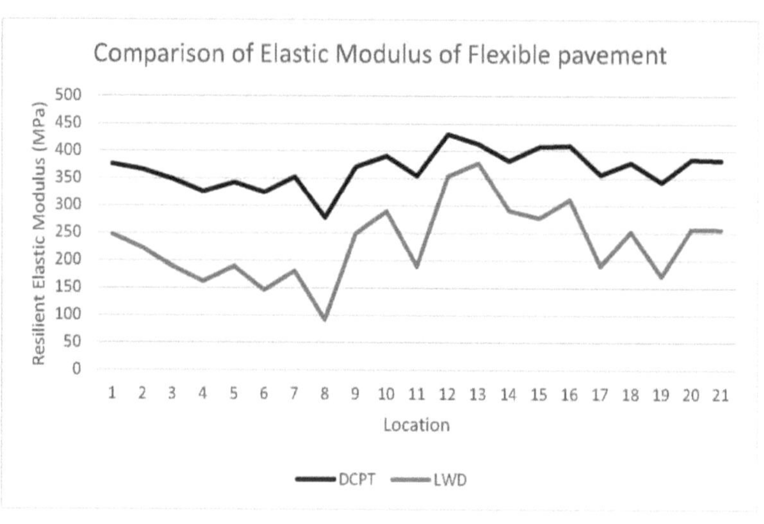

Figura.6. variação do módulo ao longo de um trecho de 500 metros de pavimento flexível

5.2 Pavimento Rígido

A Figura 7 mostra a comparação dos valores do módulo E em pavimentos rígidos. A fórmula empírica utilizada para converter a resistência à compressão do betão em módulo em cada ponto dá valores muito superiores.

O padrão do gráfico não indica similaridade entre os valores do módulo E obtidos com LWD e Schmidt Hammer. Nos locais 8, 10 e 15, há um forte aumento nos valores de Emodulus porque as deflexões medidas pelo LWD nesses pontos são bastante inferiores às obtidas em outros pontos e, portanto, o módulo de deflexão de superfície obtido a partir dos dados brutos do LWD é muito alto.

Além disso, a fórmula utilizada para a conversão da resistência à compressão do concreto em E-módulo é aplicada ao concreto com uma resistência de projeto especificada 36MPa ou menos, que é definida como concreto de resistência normal. De acordo com Tomosawa et al. (1993), uma série de experimentos revelou que o módulo de elasticidade calculado pela equação torna-se superior aos valores reais à medida que a resistência compressiva aumenta.

O padrão inconsistente também mostra que o Schmidt Hammer não é um equipamento útil quando se trata de medir o módulo elástico de um pavimento de concreto.

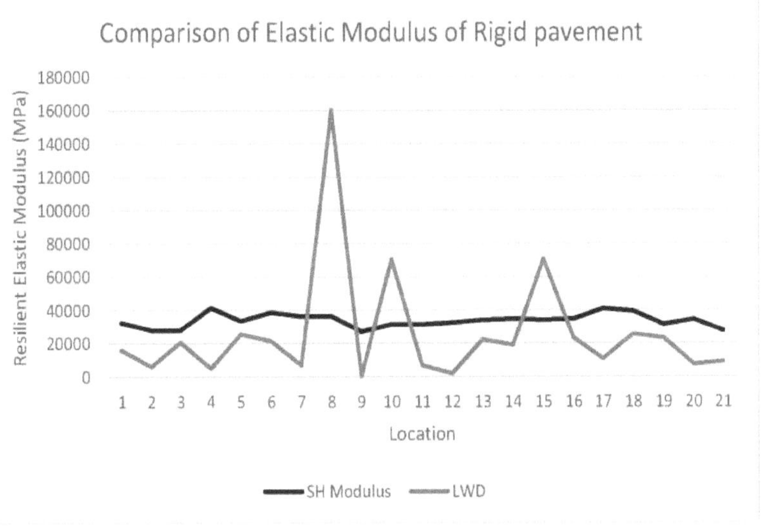

Figura.7: Variação do módulo ao longo de um trecho de 200 metros de Pavimento Rígido

5.3 CORRELAÇÃO DE DISPOSITIVOS

A relação específica de pontos entre os valores do Módulo Elástico do DCPT varia de 0,50 a 0,91 vezes os valores previstos através do DCPT, sendo a maioria relativa a 0,66 a 0,76 vezes. O coeficiente R2 igual a 0,9125 [Figura.8] também mostra uma consistência muito boa entre os pares de dados. A Figura 8 mostra o coeficiente de correlação obtido e a linha de tendência se encaixa linearmente. Como pode ser visto no gráfico, o módulo E do LWD pode ser previsto usando o módulo E do DCPT com um grau de precisão razoavelmente alto.

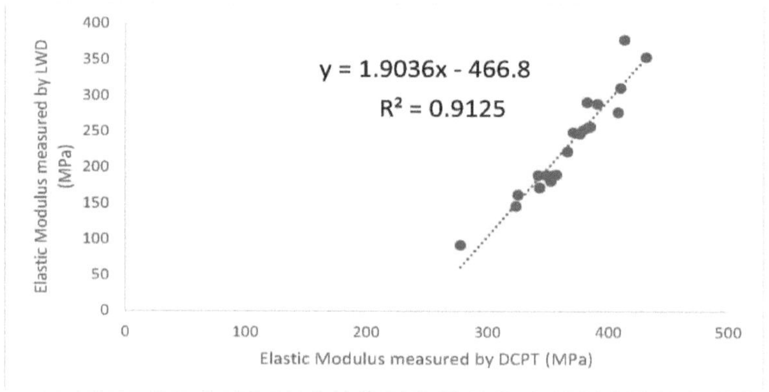

Figura.8 Correlação entre o módulo E de Pavimento Flexível

Obtido por LWD e DCPT

A relação entre os valores do módulo E de LWD varia de 0,01 a 0,73 vezes os valores previstos através do Schmidt Hammer. Tal faixa não pode ser usada para prever os valores do módulo de elasticidade do concreto, já que o módulo de elasticidade do concreto é muito alto do que o do subgrau dos pavimentos. E, portanto, a previsão de valores usando tal relação pode produzir um grande desvio em relação aos valores originais. Além disso, o coeficiente R2 de 0,0182 [Figura.9] mostra claramente que os pares de dados são, em grande medida, inconsistentes.

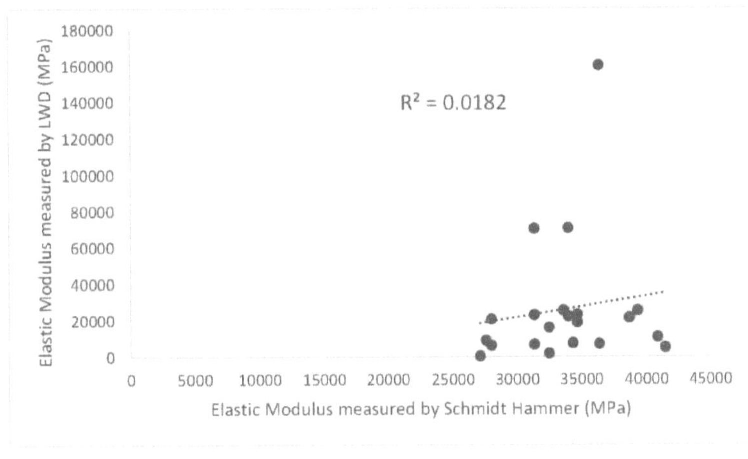

Figura.9. Correlação entre o módulo E do pavimento rígido

Obtido por LWD e SH

Capítulo 6.

Resultados e Conclusões

Os dados de pesquisa aqui apresentados demonstram que, para pavimentos flexíveis, o penetrômetro cônico dinâmico pode ser usado de forma confiável para medir o módulo de elasticidade resiliente do pavimento. Como o DCPT é um teste parcialmente destrutivo, pode ser usado para prever valores que um LWD daria quando usado no mesmo local, eliminando assim o elevado custo do LWD à custa de uma destruição muito pequena causada ao pavimento.

Mas para um pavimento rígido, o martelo Schmidt não é um equipamento fiável para medir a elasticidade do pavimento, uma vez que o estudo não nos leva a nenhuma conclusão útil. Pelo gráfico de linhas obtido para as duas experiências podemos ver que existe uma enorme diferença entre os valores dos módulos obtidos e mesmo o padrão obtido não é semelhante.

Isto pode ser devido ao facto de a fórmula empírica utilizada não ser suficientemente precisa para prever a elasticidade usando a força compressiva. Além disso, o martelo Schmidt produz impacto apenas sobre um ponto do pavimento, enquanto uma placa de carga é utilizada nos testes LWD. Assim, os resultados podem não corresponder para os dois equipamentos.

A possibilidade de um erro na utilização do LWD é a razão menos classificada porque o dispositivo robusto é construído e operado de tal forma que não deixa espaço para erro manual enquanto há um risco considerável de erro manual na operação do martelo Schmidt no concreto.

Capítulo 7.

REFERÊNCIAS

[1]   Lee JLY, Chen DH, Stokoe KH, Scullion T. Avaliação do potencial de rachadura por reflexão com deflectómetro dinâmico rolante. J Trans Res Board 2004;1869:16-24.

[2]   Kavussi A, Rafiei K, Yasrobi S. Avaliação da PFWD como potencial ferramenta de controle de qualidade de camadas de pavimento. J Civ Eng Engage Manage 2010;16(1).

[3]   Fleming PR. Aplainamentos betuminosos reciclados como materiais granulares não vinculados para fundações de estradas no Reino Unido. Em: Proceedings of the fifth international conference on bearing capacity of roads and airfields, Trondheim (Norway); 1998 (3).

[4]   Fleming PR. Medição do módulo de rigidez de campo para fundações de pavimentos. In: Anais da reunião anual do conselho de pesquisa de transportes, Washington (DC); 2001.

[5]   Livneh M, Goldberg Y. Avaliação da qualidade durante a formação de estradas e construção de fundações: utilização de deflectómetro de queda de peso e peso leve de queda. Rec. Trans Res: J Trans Res Rec: 69-77.

[6]   Kamiura M, Sekine E, Abe N, Meruyama T. Avaliação da rigidez do subgrau e do agregado granular usando o FWD portátil. In: Anais da quinta conferência internacional sobre agregado não vinculado em estradas, Nottingham (Reino Unido); 2000.

[7]   Tehrani FS, Meehan CL. O efeito do teor de água nas medições do Deflectómetro de Peso Leve. In: Anais da Conferência Geoflorida, West Palm Beach, Florida, EUA. ASCE; 2010.

[8]   Fleming PR, Frost MW, Lambert JP. Uma revisão do deflectómetro leve (LWD) para avaliação de rotina in situ da rigidez do material de pavimentação. Trans Res Rec 2007; 2004:80-7.

[9]   Ryden N, A. Mooney M. Análise de Ondas Superficiais a partir do Deflectómetro de Peso Leve. Dinâmica do Solo e Engenharia de Terremotos 29 (2009) 1134-1142

[10]   Alshibli, K. A., Abu-Farsakh, M., e Seyman, E. (2005). "Avaliação laboratorial do geogauge e do deflectómetro de queda leve como ferramentas de controlo da construção". *J. Mater. Civ. Eng.,* 17 (5), 560-569.

[11]   Fleming, P. R., Frost, M. W., e Lambert, J. P. (2007). "Uma revisão do deflectómetro leve para avaliação de rotina in situ da rigidez do material do pavimento". *Registro de Pesquisa em Transporte. 2004,* Transportation Research Board, Washington D.C., 80-87.

[12]   Siekmeier, J. A., Young, D., e Beberg, D. (2000). "Comparação do penetrômetro de cone dinâmico com outros testes durante a caracterização do subgrau e da base granular em Minnesota". *Ensaios não destrutivos de pavimentos e contra-cálculo de modulos: ASTM STP1375,* S. D. Tayabji e E. O. Lukanen, eds., Vol. 3, ASTM, Philadelphia.

[13]   Mooney, M. A., e Miller, P. K. (2009). "Análise do teste do deflectómetro de luz baseado na resposta de tensão e deformação in situ". J. Geotech. Geoenviron. Eng., 135(2), 199-208.

[14]   Terzaghi, K. _1943_. *Mecânica teórica do solo,* Wiley, Nova Iorque.

[15]   Buechler S. R., Mustoe Graham G. W., Berger J. R. Berger3, e Mooney M. A., "Understanding the Soil Contact Problem for the LWD and Static Drum Roller by Using the DEM" ASCE Journal of Engineering Mechanics, 138 (1) 124-132.

[16]   Alshibli K. A., Murad Abu-Farsakh; e Seyman Ekrem, (2005) "Laboratory Evaluation of the Geogauge and Light Falling Weight Deflectometer as Construction Control Tools" ASCE *Journal of Materiais em Engenharia Civil,* 17 (5) 560-569

[17] Livneh, M., e Goldberg, Y. (2001). "Avaliação da qualidade durante a formação de estradas e construção de fundações": Uso de deflectómetro de queda de peso e peso leve de queda". *Registro de Pesquisa em Transportes. 1755,* Transportation Research Board, Washington, D.C., 69-77.

[18] Jong Ryeol Kim, Hee Bog Kang, Daehyeon Kim, Dal Su Park e Woo Jin Kim, (2006), "Evaluation of In Situ Modulus of Compacted Subgrades Using Portable Falling Weight Deflectometer and Plate-Bearing Load Test" ASCE *Journal of Materials in Civil Engineering,* 19(6) 492-499

[19] Lin Deng-Fong, Chi-Chou Liau, e Jyh-Dong Lin, 2006, "Factors Affecting Portable Falling Weight Deflectometer Measurements" ASCE *Journal of Geotechnical and Geoenvironmental Engineering,* 132(6) 804-808

[20] Elhakim A. F., Elbaz K., e Amer M. I., 2014, "The use of light weight deflectometer for in situ evaluation of sand degree of compaction" ScienceDirect Journal of Housing and Building National Research Center, 9(3).

[21] Senseney C.T., Krahenbuhl R. A., e Mooney M. A., 2013 "Genetic Algorithm to Optimize Layer Parameters in Light Weight Deflectometer Backcalculation" ASCE International Journal of Geomechanics, 13(4) 473-476.